BEI GRIN MACHT SICH IHR WISSEN BEZAHLT

AF144001

Bibliografische Information der Deutschen Nationalbibliothek:

Die Deutsche Bibliothek verzeichnet diese Publikation in der Deutschen National-
bibliografie; detaillierte bibliografische Daten sind im Internet über http://dnb.d-
nb.de/ abrufbar.

Impressum:

Copyright © 2014 GRIN Verlag, Open Publishing GmbH
Druck und Bindung: Books on Demand GmbH, Norderstedt Germany
ISBN: 9783668188716

Dieses Buch bei GRIN:

http://www.grin.com/de/e-book/319292/untersuchung-von-unterschieden-zwischen-
eltern-und-kinderlosen-in-bezug

Anna-Marlen Schlüter

Untersuchung von Unterschieden zwischen Eltern und
Kinderlosen in Bezug auf diverse Einstellungen

GRIN Verlag

Untersuchung von Unterschieden zwischen Eltern und Kinderlosen in Bezug auf diverse Einstellungen

Abschließende Hausarbeit des Moduls
Forschungsmethoden und Statistik

Anna-Marlén Schlüter

28.08.2014

Abstract

Ziel der vorliegenden Hausarbeit war die Untersuchung möglicher Unterschiede zwischen Eltern und Kinderlosen in Bezug auf die Einstellungen zu Hygienebewusstsein, Zufriedenheit mit der privaten Lebenssituation, Verantwortungsbewusstsein und Zukunftsangst.

Sozialpsychologische Erkenntnisse zum Zusammenhang von Rollenverhalten und innerer Einstellung legten die Vermutung nahe, dass zwischen Eltern und Kinderlosen ein Unterschied in ihren Einstellungen auch empirisch nachweisbar ist. Um dies zu überprüfen wurde eine Onlinebefragung mit zwei unabhängigen Stichproben zu je 20 Eltern bzw. Kinderlosen durchgeführt. Gemessen wurden die 4 genannten Einstellungen, sowie das Alter und Geschlecht der Teilnehmer. Basis für den Vergleich waren die Mittelwerte beider Gruppen.

Die rein deskriptiv-statistische Auswertung der 880 Rohdaten führte zu dem Ergebnis, dass Unterschiede zwischen den Gruppen existieren. Die Prüfung dieser Unterschiede auf Signifikanz ist im Umfang dieser Arbeit jedoch nicht enthalten. Ebenso werden keine Aussagen über Kausalzusammenhänge getroffen.

Inhaltsverzeichnis

Abkürzungsverzeichnis

M	Mittelwert
H	Hygienebewusstsein
H0	Nullhypothese
H1	Alternativhypothese
V	Verantwortungsbewusstsein
L	Lebenszufriedenheit
Z	Zukunftsangst
UQ/OQ	Unteres/Oberes Quartil
Min/Max	Minimalwert/Maximalwert

Abbildungsverzeichnis

Einführung und Hypothesen

„Sind Sie der Auffassung, Deutschland sollte aus der EU austreten?" „Wie wichtig ist Ihnen die Attraktivität Ihres Partners?" Dass die Antworten auf diese Fragen nicht bei allen Menschen gleich ausfallen liegt daran, dass wir uns in Bezug auf politische und persönliche Einstellungen unterscheiden. Der Begriff „Einstellung" beschreibt einen inneren Zustand („psychologische Tendenz"), der sich in einer positiven, negativen oder neutralen Bewertung gegenüber einem bestimmten Objekt (Person, Gegenstand, Idee, Verhalten, etc.) ausdrückt. (vgl. P.Fischer et al., 2014)

Einstellungen und Rollenverhalten in der Psychologie

Das Standardlehrwerk „Psychologie" von David Myers veranschaulicht an einem Beispiel, wie unsere Einstellungen unser Handeln beeinflussen können. „Wenn wir glauben, dass jemand gemein ist, haben wir möglicherweise ein Gefühl der Abneigung gegenüber diesem Menschen und verhalten uns unfreundlich" (vgl. Myers, 2008, S. 639). Vereinfacht gesagt folgt unser Verhalten also in bestimmten Situationen unseren Einstellungen. Umgekehrt können unsere Handlungen auch Einfluss auf unsere Einstellungen haben. Grund hierfür ist ein innerer Spannungszustand, die „kognitive Dissonanz", der entsteht wenn Verhalten und Einstellung auseinander gehen. Dieser unangenehme Zustand wird gelöst, indem die zum Verhalten passenden Einstellungen angenommen werden (vgl. Myers, 2008).

Besonders interessant ist in diesem Zusammenhang der Einfluss von Rollenverhalten auf unsere Einstellungen. Als „Rolle" bezeichnet man in der Psychologie eine Reihe von Erwartungen (Normen) an eine soziale Position. Sie definiert, wie sich jemand in dieser Position verhalten sollte (Myers, 2008, S.962). Der Begriff ist dem Theater entlehnt, da den Menschen das Spielen einer neuen Rolle anfangs häufig künstlich und unecht vorkommt. Erst mit der Zeit wird das „was als Theaterspiel auf der Bühne des Lebens begann zum Leben selbst" (Myers, 2008, S.641).

Ein bekanntes Experiment zum Rollenverhalten wurde 1971 vom amerikanischen Psychologen Philip Zimbardo an der Stanford University durchgeführt. Die 24 Teilnehmer hatten die ihnen zufällig zugewiesenen Rollen als Wärter oder Gefangene so stark angenommen, dass der simulierte Gefängnisalltag allzu real geworden war. Das Experiment wurde nach 6 statt geplanten 14 Tagen abgebrochen. Das Gefängnisexperiment ist bis heute eines der populärsten der Sozialpsychologie.

Menschen nehmen im Laufe ihres Lebens verschiedenste Rollen ein: die eines Ehepartners, die eines Studenten oder die eines Elternteils. Gerade die Elternschaft ist häufig Untersuchungsgegenstand verschiedener Studien. Neben den Sozialpsychologen, befassen sich Krankenkassen oder die Politik mit Fragestellungen zum Thema Elternschaft. Die Hintergründe hierfür sind vielfältig, weit oben steht jedoch das allgemeine Interesse, den Menschen und sein Wesen immer besser zu verstehen. Wodurch werden wir beeinflusst? Warum sind wir Menschen so verschieden? Oder sind wir es am Ende gar nicht?

„Kinder machen doch glücklich – Eltern sind zufriedener als Kinderlose" heißt es in einem Online-Artikel auf tagesspiegel.de vom 21.05.2012. Ein Team aus kanadischen und US-amerikanischen Forschern kam nach drei detaillierten Untersuchungen zu dem Ergebnis, dass Eltern häufiger von positiven Emotionen berichteten als Kinderlose. „Psychologie: Kinder machen nicht glücklicher" lautet dagegen die Schlagzeile eines Artikels, der im Januar 2014 auf spiegelonline.de erscheint. Forscher der US Princeton University hatten die Befragungsergebnisse von fast 3 Millionen Bürgern zusammengeführt, die auf einer 11-stufigen Skala von 0 = schlecht bis 10 = gut angeben sollten, wie nah sie sich dem „idealen" Lebenszustand fühlten. Im Durchschnitt hatten die befragten Eltern einen Wert von 6,82 angegeben, die Kinderlosen kamen hingegen auf einen Durchschnittswert von 6,84.

Diese und andere Studien legen den Verdacht nahe, dass es einen Unterschied gibt zwischen Eltern und Menschen ohne Kinder hinsichtlich ihrer Einstellungen. Ob dieser auch in Bezug auf die Einstellungen Verantwortungsbewusstsein, Zufriedenheit mit der privaten Lebenssituation, Hygiene-bewusstsein und Zukunftsangst beobachtet werden kann ist Gegenstand dieses Forschungsberichts.

Das Wissen über die Hintergründe des menschlichen Verhaltens ist nicht nur von Interesse für Psychologen. Ein signifikanter Unterschied im Hinblick auf Hygienebewusstsein ist beispielsweise auch für die Reinigungsmittelindustrie hinsichtlich ihrer Zielgruppendefinition interessant. Höheres Verantwortungsbewusstsein bei Eltern kann ein Hinweis für Arbeitgeber im Hinblick auf die Personalauswahl sein. Generell tragen alle Erkenntnisse, die Aufschluss über das menschliche Denken und Handeln geben, zum Verständnis unserer selbst bei.

Hypothesen

Als Forschungsgrundlage wurden folgende Alternativhypothesen (H1) aufgestellt.

Eltern und Kinderlose unterscheiden sich hinsichtlich ihres Hygienebewusstseins (H). Dies zeigt sich dadurch, dass sich ihre Mittelwerte (M) unterscheiden: $H1_{(H)} \rightarrow M_{(H)}1 \neq M_{(H)}2$

Möglicherweise legen Eltern in ihrer Rolle als Schutzbefohlene für ihre Nachkommen gesteigerten Wert auf Sauberkeit.

Eltern und Kinderlose weisen Unterschiede in der Zufriedenheit mit ihrer privaten Lebenssituation (L) auf, was sich in einem Mittelwertsunterschied zeigt: $H1_{(L)} \rightarrow M_{(L)}1 \neq M_{(L)}2$

Die Familiengründung ist für viele Menschen Teil des Lebensplans. Dies legt die Vermutung nahe, dass sich nach der Erfüllung dieses Plans eine höhere Lebenszufriedenheit einstellt.

Eltern und Kinderlose unterscheiden sich hinsichtlich ihres Verantwortungsbewusstseins (V). Dies wird deutlich wenn sich die Mittelwerte beider Gruppen unterscheiden: $H1_{(V)} \rightarrow M_{(V)}1 \neq M_{(V)}2$

Eltern tragen nicht nur für sich selbst, sondern auch für ihren Nachwuchs Verantwortung. Daher sollte das Verantwortungsbewusstsein höher liegen als bei Menschen ohne Kinder.

Eltern und Kinderlose haben unterschiedlich große Zukunftsangst (Z), dies wird durch einen Mittelwertsunterschied deutlich: $H1_{(L)}$ → $M_{(Z)}1 \neq M_{(Z)}2$

Da Eltern Verantwortung für ihren Nachwuchs tragen, ist anzunehmen, dass sie größere Angst vor negativen Zukunftsereignissen haben.

Die Nullhypothese (H0) unterstellt immer, dass es keinen Unterschied gibt und lautet daher für alle vier Einstellungen: H0 → M1 = M2

1 Methoden

Zur Überprüfung der Unterschiedshypothesen wurde ein korrelatives Untersuchungsdesign gewählt. Zwei unabhängige Stichproben zu je 20 Personen wurden einmalig befragt (Querschnitt).

Einstellungen sind Konstrukte, die im Testverfahren messbar gemacht werden können. Für jede der 4 Einstellungen wurden 5 Items entworfen, die verschiedene Teilaspekte behandeln, z.B. den Faktor Gesundheit bei Zukunftsangst usw. Die Umpolung einiger Items sollte den Fragebogen abwechslungsreicher und weniger durchschaubar machen. Eine Überprüfung auf Validität und Konsistenz sind nicht im Umfang dieser Arbeit enthalten.

Die Messung der Einstellungsvariablen erfolgte intervallskaliert. Zusätzlich wurde das Alter in Altersklassen (ordinalskaliert) und das Geschlecht (dichotom, nominalskaliert) erhoben. Zur Zuordnung in die Untergruppen wurde zudem das Vorhanden sein eines oder mehrerer Kinder abgefragt.

Zur Messung der Einstellungen mussten 20 Behauptungen vom Teilnehmer auf einer unipolaren 7-stufigen Likert-Skala befürwortet oder abgelehnt werden. Es wurde eine numerische Darstellung für die Rating-Skala gewählt um den Eindruck der gleichgroßen Abstände beim Teilnehmer zu stärken.

Um der Extrempunktvermeidung entgegenzuwirken, wurden die Punkte 1 und 7 mit „1 = trifft überhaupt nicht zu" und „7 = trifft voll und ganz zu" verbalisiert. Der Fragebogen wurde online auf „q-set" stellt, der Link im Anschluss per Mail und soziale Netzwerke an Personen aus unterschiedlichen Kontexten in Bezug auf Wohnort, Beruf, Bildungsgrad usw. verbreitet.

2 Ergebnisse der Befragung

Es beteiligten sind insgesamt 45 Teilnehmer, wovon diejenigen die über die festgelegte Stichprobengröße von 20 Personen Gruppe hinausgingen, nicht in die Bewertung einbezogen wurden. In Abb.1 ist dargestellt, wie Alter und Geschlecht in der Gesamtstichprobe von N=40 verteilt waren.

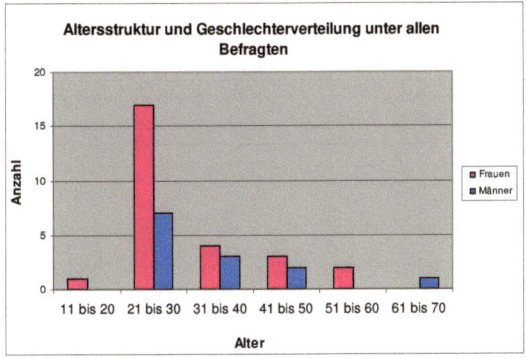

Abb.1: Altersstruktur und Geschlechterverteilung unter allen Befragten

Die Altersklassen 1, 8,9 und 10 waren nicht vertreten und sind nicht dargestellt. Die Beteiligung unter den Frauen war mit 67,5% wesentlich höher als unter den Männern mit 32,5%. Es ist anzunehmen, dass bei einer größeren Stichprobe der Männeranteil gestiegen wäre. Tatsächlich stammten 3 der 5 eliminierten Datensätze von männlichen Teilnehmern. Würden diese mit einbezogen, läge der Anteil männlicher Teilnehmer bereits bei 35,6%. Ersichtlich ist außerdem, dass 78% der Teilnehmer 21 bis 40 Jahre alt sind. Auch hier ist anzunehmen, dass sich das Bild mit steigender Stichprobengröße entzerren würde.

2.1 Datenaufbereitung und Kennwerte

Die codierten Rohdaten aller 40 Teilnehmer sind in der Excel-Datei aufgeführt (auf Anfrage bei der Autorin erhältlich). Aus den Einzelbewertungen der fünf Items zu jeder Einstellung wurden Mittelwerte gebildet. Damit lagen für jeden Teilnehmer Geschlecht, Alter und 4 Einstellungs-Indices vor. Auf Grundlage dieser Daten wurden die Kennwerte der deskriptiven Statistik für beide der Gruppen errechnet, wie in Tab.1 dargestellt.

	Geschlecht	Alter	Hygiene-bewusstsein	Lebens-zufriedenheit	Verantwortungs-bewusstsein	Zukunfts-angst
Gruppe Eltern (1)						
Mittelwert			5,0	5,2	5,2	3,8
Median			5,1	5,2	5,3	3,8
Modalwert	1,0	3,0	5,0	5,0	5,4	3,4
Varianz			0,90	0,78	0,58	0,37
Standard-abweichung			0,95	0,88	0,76	0,61
Range	1,00	4,00	4,00	3,60	2,80	2,40
Gruppe Kinderlose (2)						
Mittelwert			4,8	4,9	5,1	3,9
Median			5,0	5,2	5,0	3,6
Modalwert	1,0	3,0	5,2	5,4	5,0	3,2
Varianz			0,79	1,09	0,66	0,73
Standard-abweichung			0,89	1,04	0,81	0,86
Range	1,00	3,00	3,60	4,60	3,20	3,20

Abb.2: Übersicht der ermittelten Lage- und Dispersionsmaße

Aus der Gegenüberstellung der Mittelwerte ergibt sich bereits die Schlussfolgerung, dass die Alternativhypothesen anzunehmen sind. Nachfolgend wird auf jede der Hypothesen einzeln eingegangen. Die Mittelwerte samt ihrer Streuung sind in Abb.3 nochmals für beide Gruppen visualisiert.

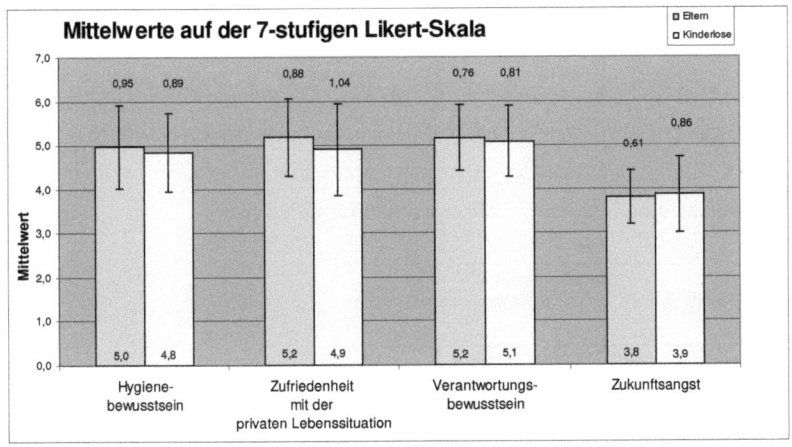

Abb.3: Mittelwerte auf der 7-stufigen Likert-Skala (nach Gruppenzugehörigkeit)

2.2 Prüfung der Hypothesen

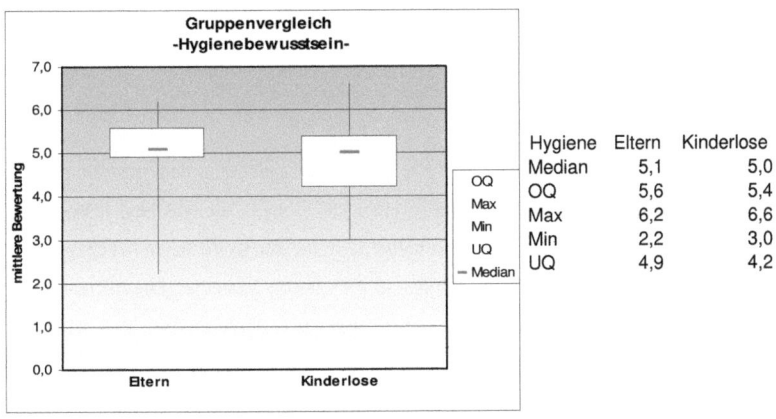

Abb.4: Boxplot – Gruppenvergleich Hygienebewusstsein

In Form von Boxplots sind die Rohdaten beider Gruppen für die einzelnen Konstrukte dargestellt. Im Vergleich der Hygienebewusstseins-Mittelwerte (Abb.4) zeigt die Gruppe der Eltern eine geringe Streuung und einen starken Ausreißer. Die Position des Medians deutet auf eine links-schiefe Verteilung. Umgekehrt streuen die Mittelwerte der Kinderlosen stark und die Verteilung ist rechts-schief. Beide Gruppen liegen über der neutralen 4 im positiven Bereich und ihre Mediane sind nahezu gleich groß. Die Mittelwertsdifferenz beträgt +0,2 (siehe Abb.2), damit muss die Alternativhypothese $H1_{(H)}$ $\rightarrow$ $M_{(H)}1 \neq M_{(H)}2$ zunächst angenommen werden. In der Stichprobe weisen die Eltern ein höheres Hygienebewusstsein auf als Kinderlose.

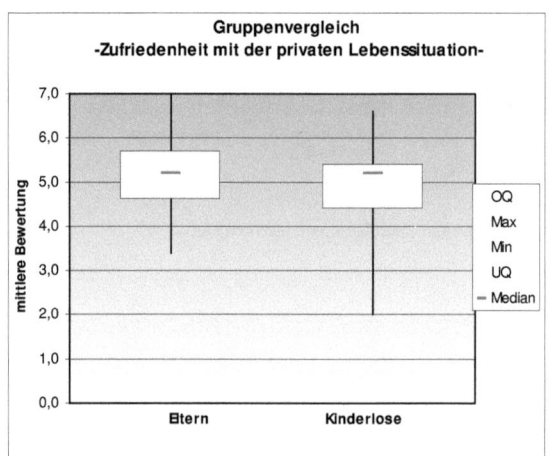

Abb.5: Boxplot – Gruppenvergleich Lebenszufriedenheit

Auch bei der Lebenszufriedenheit liegen beide Gruppen über dem neutralen Wert von 4. Die Streuungen sind in etwa gleich stark, die Mediane identisch. Die Werte der Eltern sind normalverteilt, die der Kinderlosen dagegen stark rechts-schief. In beiden Gruppen gibt es starke Ausreißer. Die Mittelwertsdifferenz beträgt +0,3 (siehe Abb.2), was zur vorläufigen Annahme der Alternativhypothese $H1_{(L)}$ $\rightarrow$ $M_{(L)}1 \neq M_{(L)}2$ führen muss. In der Stichprobe ist zeigt sich eine höhere Lebenszufriedenheit in der Gruppe der Eltern.

Die Mittelwerte beim Verantwortungsbewusstsein (Abb.6) streuen bei den Eltern stärker und die Verteilung ist links-steil, den Kinderlosen normalverteilt. Auffällig ist ein starker Ausreißer in der Gruppe der Kinderlosen, der den Höchstwert 7,0 aufweist. Hierauf wird in der späteren Diskussion der Ergebnisse noch eingegangen.

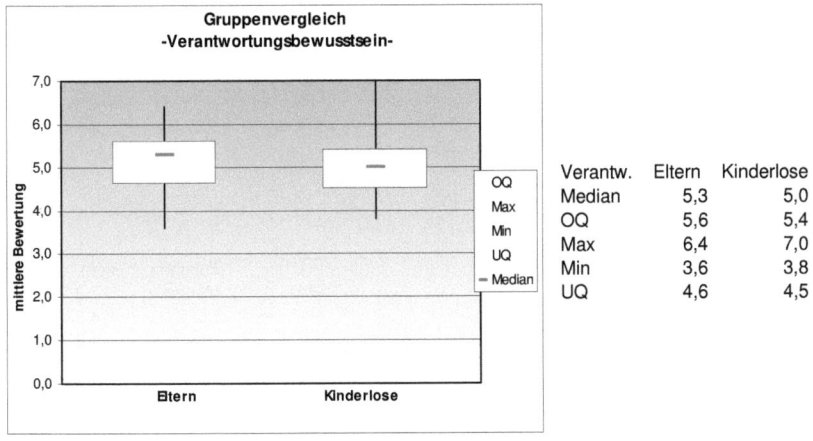

Abb.6: Boxplot – Gruppenvergleich Verantwortungsbewusstsein

Wieder liegen beide Gruppen klar über dem Neutralwert, der selbst von den Ausreißern nur knapp überschritten wird. Die Mittelwertsdifferenz beträgt +0,1 (siehe Abb.2), was zur dazu führt, dass die Alternativhypothese $H1_{(V)}$ → $M_{(V)}1 \neq M_{(V)}2$ vorläufig angenommen wird. In unserer Stichprobe sind Eltern offenbar verantwortungsbewusster sind als Menschen ohne Kinder.

Auffällig bei den Messergebnissen der Zukunftsangst (Abb.7) ist, ist die Konzentration der Werte beider Gruppen um den neutralen Wert 4. Die Streuung ist dabei bei den Eltern etwas kleiner als bei den Kinderlosen, die Verteilung ist bei beiden links-schief. Die Mittelwertsdifferenz beträgt -0,1 (siehe Abb.2). Damit liegt auch hier ein Unterschied vor und die Alternativhypothese $H1_{(Z)}$ → $M_{(Z)}1 \neq M_{(Z)}2$ muss vorläufig akzeptiert werden. In der Stichprobe zeigt sich, dass Eltern weniger Zukunftsangst haben als Kinderlose.

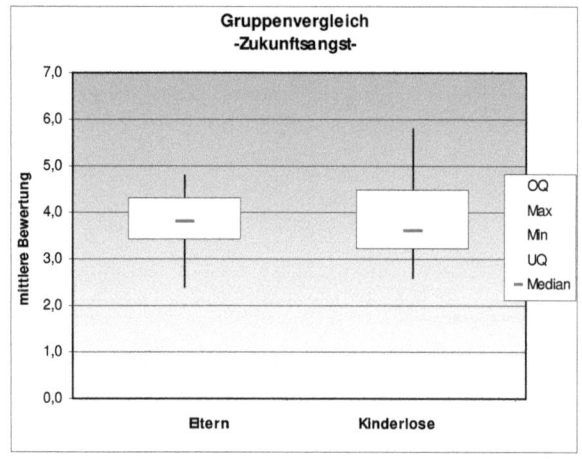

Zukunfts.	Eltern	Kinderlose
Median	3,8	3,6
OQ	4,3	4,5
Max	4,8	5,8
Min	2,4	2,6
UQ	3,4	3,2

Abb.7: Boxplot – Gruppenvergleich Zukunftsangst

2.3 Untersuchung weiterer möglicher Zusammenhänge

Nach der Überprüfung und Annahme der Alternativhypothesen auf Grund der beobachteten Mittelwertsunterschiede wurden die übrigen Variablen dahingehend geprüft, ob zwischen Ihnen Zusammenhänge bestehen. Bei der Untersuchung nach Zusammenhängen zwischen Geschlecht (dichotom) und Gruppenzugehörigkeit (dichotom) lautet die Nullhypothese H0: π (Gruppe/männlich) = π (Gruppe/weiblich). Die Alternativhypothese hingegen unterstellt Abhängigkeit. Zur Überprüfung wurde der Phi-Koeffizient auf Basis des Chi^2-Tests ermittelt, da die notwendigen Voraussetzungen erfüllt waren (siehe Excel-Datei, auf Anfrage bei der Autorin erhältlich). Das Ergebnis von Phi = .24 ist wie der Pearson-Korrelationskoeffizient zu interpretieren und deutet damit auf eine schwache Kontingenz zwischen Geschlecht und Gruppe hin. Nach Prüfung des empirisch ermittelten Chi^2-Wertes bei df=1 und alpha=5% erwies sich dieser als nicht signifikant. Damit wird die

Nullhypothese angenommen und Alternativhypothese verworfen. Alter und Gruppenzugehörigkeit sind unabhängig voneinander.

Bei der Suche nach einem Zusammenhang zwischen Alter (ordinal) und Geschlecht (dichotom) wurde der Rangkorrelationskoeffizient Spearman's Rho ermittelt. Rho ist für unsere Stichprobe = .81 was auf hohe Abhängigkeit hindeutet. Die Signifikanzprüfung per t-Test (alpha = 5%, df=38) verlief ebenfalls positiv. Eine Abhängigkeit ist damit nachgewiesen und die Nullhypothese H0: π (Gruppe/Alter) = 0 wird verworfen. Je älter, desto höher die Wahrscheinlichkeit zur Gruppe der Eltern zu gehören.

3 Diskussion der Ergebnisse

Die beobachteten Mittelwertsunterschiede von +0,3 bis -0,1 führten zur vorläufigen Annahme der vier Alternativhypothesen, sie sind jedoch gemessen an der 7-stufigen Skala relativ gering. Mittels Interferenzstatistik, z.B. mit dem t-Test müsste auf Signifikanz geprüft werden, um sicherzustellen, dass die Unterschiede nicht aus der kleinen Stichprobenzahl oder Messfehlern resultieren.

Bei der Auswertung der Rohdaten zeigte Item Nr. 8 (Anschnallen beim Autofahren) zu wenig Trennschärfe. Knapp die Hälfte (48%) der Befragten gaben den Extremwert 7 an. Dies ist jedoch weniger auf einen hohen Grad an Verantwortungsbewusstsein, als auf die Tatsache zurückzuführen, dass die meisten Autos mit einem Anschnallsignal ausgestattet sind. Würde die Untersuchung wiederholt, sollte das Item z.B. eher lauten „Beim Autofahren achte ich darauf, dass alle Insassen angeschnallt sind".

Abschließend lässt sich sagen, dass eine Längsschnittuntersuchung vermutlich zu anderen Ergebnissen führen würde. Die Befragung der Teilnehmer vor und nach der Geburt eines Kindes könnte Unterschiede eher aufdecken. Interessant wäre dabei nicht nur die Untersuchung von Unterschieden sondern vor allen Dingen die Untersuchung kausaler Zusammenhänge, auf die im Rahmen dieser Arbeit überhaupt nicht eingegangen wird.

Literaturverzeichnis

Assenmacher, W. (1998). *Deskriptive Statistik* (2.Auflage). Berlin: Springer

Fischer, P., Asal, K. & Krueger, J.I. (2014). *Sozialpsychologie für Bachelor: Lesen, Hören, Lernen im Web*. Berlin: Springer Medizin.

Hussy, W., Schreier, M. & Echterhoff, G. (2013). *Forschungsmethoden in Psychologie und Sozialwissenschaften für Bachelor* (2.Auflage). Berlin: Springer Medizin.

Myers, D.G. (2008). *Psychologie* (2.Auflage). Heidelberg: Springer Medizin.

Unger, F. & Stiehr, J.-U. (1998). *Statistik: Intensivtraining*. Wiesbaden: Gabler.

Bojanowski, A. (14.Januar 2014). *Kinder machen nicht glücklicher*. Verfügbar unter: http://www.spiegel.de/wissenschaft/mensch/weltweite-umfrage-eltern-sind-nicht-gluecklicher-als-kinderlose-a-943490.html [17.08.2014 um 16:48Uhr]

www.tagesspiegel.de (31.05.2012). *Kinder machen doch glücklich: Eltern sind zufriedener als Kinderlose*. Verfügbar unter: http://www.tagesspiegel.de/wissen/kinder-machen-doch-gluecklich-eltern-sind-zufriedener-als-kinderlose/6653276.html [17.08.2014 um 17:22 Uhr]

Anhang

1 Fragebogen

Einfluss der Elternrolle auf bestimmte Einstellungen

Sehr geehrte/r Teilnehmer/in,

vielen Dank, dass Sie mich bei meiner Forschungsarbeit unterstützen.
Diese Untersuchung bildet den Abschluss des Faches "Forschung und Statistik", das ich im
Rahmen meines Bachelor-Studiums "Betriebswirtschaftslehre und Wirtschaftspsychologie"
an der Europäischen Fernhochschule Hamburg belege.

Wichtige Info zum Datenschutz:
Ihre Antworten werden anonym übermittelt und nicht an Dritte weitergegeben.
Bitte beantworten Sie nun die folgenden Fragen.
Entscheiden Sie am besten ohne langes Überlegen aus dem Bauch heraus.

Für Ihre Hilfe bedanke ich mich vorab.

Viel Spaß wünscht
Anna-Marlén Schlüter

1 **Bitte geben Sie Ihr Geschlecht an. (Pflichtfrage)**

○ Weiblich
○ Männlich

2 **Wie alt sind Sie? (Pflichtfrage)**

○ unter 10　○ 11 bis 20　○ 21 bis 30　○ 31 bis 40　○ 41 bis 50
○ 51 bis 60　○ 61 bis 70　○ 71 bis 80　○ 81 bis 90　○ über 90

3 **Haben Sie Kinder ? (Pflichtfrage)**

Antworten Sie mit "Ja" wenn Sie mindestens einmal in Ihrem Leben Mutter oder Vater
waren, auch wenn die Kinder bereits aus dem Haus sind oder in Folge einer Trennung nicht
bei Ihnen leben.

○ Ja
○ Nein

Bitte geben Sie an, inwiefern die folgenden Aussagen auf Sie zutreffen:
1 = "trifft überhaupt nicht zu"
7 = "trifft voll und ganz zu" (Pflichtfrage)

	1	2	3	4	5	6	7
Bevor ich Obst oder Gemüse esse, wasche ich es gründlich ab.	○	○	○	○	○	○	○
Ich habe zu wenig Zeit für meine Hobbys.	○	○	○	○	○	○	○
Ich mache stets Gebrauch von meinem Wahlrecht.	○	○	○	○	○	○	○
Ich mache mir Gedanken über die künftigen Folgen des Klimawandels.	○	○	○	○	○	○	○
Meine Familie gibt mir Rückhalt.	○	○	○	○	○	○	○
Mit meiner finanziellen Situation bin ich zufrieden.	○	○	○	○	○	○	○
Ich gebe fremden Menschen ungern die Hand.	○	○	○	○	○	○	○
Beim Autofahren bin ich immer angeschnallt.	○	○	○	○	○	○	○
Das Thema Altersarmut bereitet mir Sorgen.	○	○	○	○	○	○	○
Bevor ich das Haus verlasse, putze ich mir die Zähne.	○	○	○	○	○	○	○

	1	2	3	4	5	6	7
Ich wünschte, ich hätte einen anderen Beruf gewählt.	○	○	○	○	○	○	○
Umweltschutz ist mir wichtig.	○	○	○	○	○	○	○
Ich habe einen sicheren Arbeitsplatz.	○	○	○	○	○	○	○
Das Treffen wichtiger Entscheidungen überlasse ich gern anderen.	○	○	○	○	○	○	○
Ich habe Angst, dass ich oder meine Familie in Zukunft erkranken.	○	○	○	○	○	○	○
Vor dem Kochen, wasche ich mir gründlich die Hände.	○	○	○	○	○	○	○
Ich überquere die Ampel nur bei grün.	○	○	○	○	○	○	○
Ich blicke positiv in die Zukunft.	○	○	○	○	○	○	○
Das Badezimmer muss mindestens einmal in der Woche geputzt werden.	○	○	○	○	○	○	○
Ich bin zufrieden mit dem was ich in meinem Leben bisher erreicht habe.	○	○	○	○	○	○	○

Geschafft!

Vielen Dank für die Unterstützung meines Forschungsprojektes.

Sie können den Internet-Browser jetzt schließen.